미래 자원의 보물 창고, 열대 바다

과학으로 보는 바다 01

미래 자원의 보물 창고, 열대 바다

초판 1쇄 발행 | 2013년 4월 22일
초판 2쇄 발행 | 2014년 10월 6일

지은이 | 박흥식 · 이희승
펴낸이 | 이원중 **책임편집** | 김재희 **디자인** | 정애경
출판등록일 | 1993년 12월 9일 등록번호 제10 – 916호
주소 | (122-899) 서울시 은평구 진흥로1길 4 2층
전화 | (02)335 – 5494~5 팩스 (02)335 – 5496
홈페이지 | www.jisungsa.co.kr | 지성사.한국 **이메일** | jisungsa@hanmail.net
편집주간 | 경현주 **편집팀** | 안선영 **디자인팀** | 이향란, 장현지

ISBN 978-89-7889-270-4 (04400)
978-89-7889-269-8 (세트)
잘못된 책은 바꾸어드립니다. 책값은 뒤표지에 있습니다.

〈과학으로 보는 바다〉 시리즈는
한국해양과학기술원의 주요 연구 사업에 대한 과학기술적 성과와 연구 과정을 담은 생생한 사진을
청소년은 물론 일반 독자들과 나누기 위하여 한국해양과학기술원에서 기획한 과학 교양도서입니다.
한국해양과학기술원 홈페이지 www.kiost.ac

이 도서의 국립중앙도서관 출판시도서목록(CIP)은 e-CIP 홈페이지(http://www.nl.go.kr/ecip)와
국가자료공동목록시스템(http://www.nl.go.kr/kolisnet)에서 이용하실 수 있습니다. (CIP제어번호:CIP2013002049)

미래 자원의 보물 창고, 열대 바다

박흥식 · 이희승 지음

지성사

프롤로그

흔히 사람들은 바다를 일컬어 '넓다', '웅장하다', '아름답다', '풍성하다', 심지어 '무섭다' 등 다양한 말로 표현합니다. 이 중에 '아름답다'라는 말을 떠올리게 하는 바다는 아마도 형형색색의 산호초가 만들어 낸 공간일 것입니다. 가장 다양한 생물이 모여 사는 곳이며, 바닷물이 따뜻하고 투명하게 비치는 것이 특징인 산호초는 안타깝게도 우리나라에서는 볼 수 없는 풍경이지만 눈에 보이는 아름다움뿐 아니라 귀한 보물을 간직한 곳이기도 합니다.

과학에서 '생물이 다양하다'는 말은 '많은 자원을 보유할 가능성이 높다'는 것을 의미하기도 합니다. 다양한 생물들이 한곳에서 살아가기 위해서는 각각의 생물들이 생존을 위해 먹잇감을 유인하거나, 잡거나, 또는 자신을 방어하기 위해 상대를 속이거나, 아니면 더욱 강한 무기를 개발하고 발전시키게 되는데, 이러한 과정에서 인간에게 중요한 것들을 보유하게 되기 때문입니다.

이미 육상에 있는 많은 자원을 써 버린 인간들은 이제 바다로 눈을 돌리고 있습니다. 먹을거리를 찾기 위해 시작한 탐험이 이제는 보다 건강한 삶을 위해서 또는 약을 구하기 위한 탐험이 되고 있습니다. 특히 산호초는 인간이 필요로 하는 새로운 것들을 구할 수 있는 가능성이 가장 높은 장소로 꼽힙니다. 우리나라 역시 이 대열에 합류하여 활발히 연구를 진행 중입니다. 그리고 그 중심에 한국해양과학기술원 태평양해양연구센터가 있습니다. 우리는 세상의 모든 바다를 우리 바다로 인식하고 해양 자원 연구를 진행하고 있습니다. 그중 산호초와 열대 바다에서 얻어 낸 다양한 과학 연구 성과를 이 책에 소개하려 합니다.

끝으로 지난 수년간 이렇다 할 혜택도 없이 저희 센터를 위해 영상 자료를 제공해 주신 고 김억수 씨, 박헌영 씨, 정무용 씨, 정준연 씨에게 진심으로 감사의 마음을 전합니다.

박흥식 · 이희승

차례

01
태평양

세상에서 가장 큰 바다. 궤도를 도는 인공위성으로도 한 번에 전체를 촬영할 수 없고, 평균 깊이가 자그마치 4000미터나 되는 광활한 공간, 태평양. 깊이를 가늠할 수 없는 짙푸른 물속에 셀 수 없이 많은 생명체가 살고 있는 곳, 모래처럼 흩어져서 새롭게 생기고 사라지는 섬들이 즐비한 곳, 육지에서 그렇게나 멀리 떨어져 있음에도 어떻게 찾아들었는지 이미 오래 전부터 그곳을 삶의 터전으로 삼은 사람들이 옹기종기 모여 사는 곳, 태평양의 한복판으로 들어가 보자.

가장 큰 바다,
태평양

태평양의 면적은 지구 전체에서 육지를 합친 것보다 넓은 약 1억 6500만 제곱킬로미터로, 지구 표면의 약 3분의 1을 차지한다. 바다의 깊이도 대서양이나 인도양보다 훨씬 깊고, 세계에서 가장 깊은 곳인 마리아나 해구(1만 1034미터)도 바로 여기 태평양에 있다. 동쪽으로는 남북 아메리카 대륙으로 경계를 이루며, 서쪽으로는 적도 부근에서 인도양과 만나기도 하지만, 대략 인도네시아 수마트라 섬을 경계로 태평양과 인도양을 경계 짓기도 한다.

▸▸ 적도 부근은 광활한 공간임에도 마치 호수와 같이 잔잔하다.

SAN DIONISIO CHURCH

태평양이 세상에 알려진 것은 콜럼버스가 아메리카 대륙의 동쪽을 발견한 이후, **1513**년 스페인 사람 발보아V. N. de Balboa가 파나마 부근에서 육지를 관통하여 서쪽으로 횡단하면서였다. 당시에 그는 동행한 원주민들의 말에 따라 '위대한 남쪽 바다'라고 이름을 지었다.

1521년에 마젤란이 세계 일주를 시도하기 위해 유럽을 떠나 아메리카 대륙을 따라 대서양 남쪽으로 이동했는데, 마젤란 해협을 통과하면서 태평양으로 들어오게 되었고, 필리핀까지 순탄한 항해가 이어지면서 최초로 태평양을 일주했다. 이때 마젤란이 라틴어로 "**Mare Pacificum**(평화로운 바다)"라고 이름을 지은 것이 지금의 '태평양'으로 불리게 되었다.

▸▸ 1521년, 마젤란이 처음으로 괌을 발견하고 상륙하였던 우마탁 해안으로, 상륙 기념으로 교회가 세워졌다고 한다(왼쪽). 해안으로 접근하는 선박을 감시하기 위해 17세기에 스페인이 괌에 설치한 망루(오른쪽)

태평양의
섬들

태평양에는 약 2만 5000개의 섬이 있다. 지금까지 정확한 섬의 개수를 파악하지 못하는 것은 해마다 일부 섬이 태풍에 의해 사라지거나 새로 생겨나기 때문이다. 태평양에 위치한 섬들은 크게 2가지 방식으로 생겨난다. 하와이나 괌과 같이 해저에서 화산이 폭발하여 생기거나 몰디브와 같이 수심이 낮은 산호초 주변에 모래가 쌓이고, 여기에 야자나무가 뿌리를 내리면서 모래섬으로 만들어진다.

▸▸ 산호모래로 만들어진 산호초 주변의 섬_ 야자나무 뿌리가 모래가 쌓이는 것을 도와준다.

▸▸ 축 환초 오사쿠라 섬 풍경_ 산호초 주변 바다는 대체로 일 년 내내 수면에 야자나무가 비칠 정도로 잔잔하다.

태평양(주로 남태평양)의 섬들을 하나로 묶어 '오세아니아'라고 부른다. 우리는 오세아니아라고 하면 호주와 뉴질랜드를 생각하기 쉽지만 남태평양에 위치한 섬들은 모두 오세아니아에 속한다. 오세아니아는 다시 멜라네시아, 폴리네시아, 미크로네시아로 나뉜다.
태평양 서쪽에 위치한 파푸아뉴기니, 뉴칼레도니아, 피지, 바누아트 등이 속해 있는 멜라네시아는 그리스 어로 '검은 섬들'이라는 뜻이다.
폴리네시아는 '많은 섬들'이라는 의미로, 태평양의 절반을 차지할 정도로 면적이 크다. 하와이에서 시작하여 통가, 사모아, 토켈라우, 타히티, 뉴질랜드 등이 포함된다.
미크로네시아는 적도 북쪽에 위치한 섬들로 구성되어 있다. 사이판, 팔라우에서 마샬 군도까지 동서로 2800킬로미터, 남북으로 1000킬로미터에 달하는 넓은 면적을 가지고 있다.

▶▶ 수심이 낮은 곳에 떠내려온 야자가 뿌리를 내리면 모래가 쌓이면서 자그마한 섬이 된다.

산호초와 야자나무가 만드는 공간

태평양에서 가장 인상 깊은 공간을 꼽으라면 적도 부근의 열대 바다일 것이다. 우리는 이곳을 '남태평양'이라고 부른다. 남태평양은 지구의 그 어느 곳보다도 아름다운 색깔의 향연이 펼쳐진 곳이다. 비취 빛깔의 바다색, 녹색 야자나무, 형형색색의 산호초, 여기에 눈부시게 하얀 백사장 등 가장 화려하고 매혹적인 바다를 남태평양에서 만날 수 있다.

▸▸ 눈이 부실 정도로 하얀 해안가_ 산호초에 펼쳐져 있는 모래는 산호와 산호초 주변에 살아가는 생물 껍질로 구성되어 하얀색을 띤다.

깊은 바다로 이루어진 태평양에서 화산으로 생긴 얕은 공간은 산호가 생명을 유지할 수 있도록 해 준다.
플랑크톤으로 떠돌던 산호 유생이 살 수 있는 공간을 찾아 안착하면, 산호는 온 힘을 다해 번성하며 영역을 확대한다. 오랜 시간에 걸쳐 삶과 죽음을 반복하여 산호초와 모래를 만들고, 어딘가에서 떠내려온 야자열매가 머물면서 싹을 틔우고 나무로 자라면, 주변은 비로소 작은 섬의 모습을 갖추게 된다.

한 그루의 야자나무는 다시 씨앗을 만들고, 시간이 지나면서 주변은 야자 숲을 가진 번듯한 섬이 만들어진다. 이동하던 새가 쉬어 가고, 간혹 다른 씨앗을 전해 주기도 한다. 여기에 작은 그늘이 만들어지면 바다 동물이 쉬어 가는 공간이 형성되고, 결국에는 사람이 찾아온다. 하지만 야자나무에 의지하여 오랜 기간에 걸쳐 만들어진 작은 섬은 우연한 한나절 태풍에 소리 없이 사라지기도 한다.

▸▸ 다양한 모습으로 숲을 이룬 산호초_ 산호는 공간을 찾아볼 수 없을 정도로 빽빽이 서식한다. 또한 수명을 다하여 죽으면, 다른 산호가 자랄 수 있는 공간을 제공한다.

▸▸ 해안가에 늘어선 보트_ 태평양 원주민에게는 보트가 중요한 교통수단이다. 공항과 상점이 있는 축 주 웨노 섬에는 늘 외지 섬에서 온 보트로 북적인다.

섬에서 섬으로

인간은 언제부터 이렇게 광활한 태평양을 항해하며 섬을 찾고, 또 그곳에서 살아왔을까? 지금까지 알려진 사실에 의하면, 태평양 섬으로 이동한 최초의 사람은 인도네시아에서 출발한 라피타 문명인이었다. 이들은 무슨 이유였는지 약 3500여 년 전에 배를 타고 해류를 따라 흘러가면서 섬을 찾아 태평양으

▸▸ 섬마다 풍부한 열대 과일은 원주민의 주요한 식량이다.

로 퍼져 나갔다. 처음에는 피지, 타히티, 이스터 섬까지 주로 적도 남쪽 해류를 따라 동쪽으로 이동하다가, 적도가 위치한 무풍지대를 지나서 북쪽으로 이동하여 다시 무역풍에 의해 서쪽으로 이동했다. 다행히도 오랜 시간 이동하는 데 꼭 필요한 식수는 비를 통해 매일 공급되었기 때문에, 육지를 찾아내려는 인내와 용기를 지닌 사람들은 보다 더 멀리 떨어진 섬으로까지 이동할 수 있었다.

배에는 타로, 야자열매, 바나나, 빵나무 등이 식량으로 함께 실려 있었는데, 섬을 발견한 사람들은 가져간 열매를 심어서 재배하기 시작했다. 한 예로 인간이 하와이에 처음 도착한 때가 1900여 년 전이라고 하는데, 이때까지만 해도 하와이에는 지금은 가장 흔한 야자나무가 한 그루도 없었다고 한다.

02
남태평양과 산호초

남태평양과 산호초는 따로 떼어 말하기 어려울 정도로 밀접한 관계를 지닌다. 속이 훤히 비치는 투명한 바다, 그 속에 다양한 모습을 가진 산호초, 형형색색의 물고기들……. 한 단어로 표현할 수 없는 아름다움은 오랜 시간에 걸쳐 대자연의 오묘한 조화가 빚어 내는 신비 그 자체이다.

산호

마치 돌처럼 단단하고, 언뜻 보기에는 전혀 생명체로 보이지 않는 생물. 적도에서 남·북위 20도 지역까지 깨끗하고 따뜻한 바다를 아름답게 만드는 동물이 바로 산호이다.
모습은 조금 다르지만 해파리, 말미잘과 친척 관계이기도 한 산호는 작은 침을 쏘아서 먹이를 잡아먹는 특성 때문에 생물 분류에서 자포동물에 속한다. 산호가 지구상에 처음 나타난 것은 약 4억 5000만 년 전으로 기록되어 있는데, 아주 오래 전부터 바다를 아름답게 만들고, 많은 바다 생물들이 살아갈 수 있는 터전을 만들어 주고 있다. 이러한 산호는 같은 종이라도 모양과 색이 제각각이라서, 마치 수만 종이 살고 있는 것으로 오해받기도 한다.
오늘날 지구상에는 약 6000여 종의 산호가 살고 있는데, 빛이 없는 수천 미터 바닷속은 물론 남북극 얼음 밑 바위까지 거의 모든 바다에서 볼 수 있다. 따뜻한 바다에서만 만들어지는 산호초는 실제로 약 800여 종의 산호가 어우러진 것이다. 가장 다양한 산호가 서식하는 지역은 인도네시아 수마트라 섬 주변이다. 태평양해양연구센터가 위치해 있는 미크로네시아 연방(서태평양 적도 북쪽에 있는 연방 공화국) 축Chuuk 주에는 약 370여 종의 산호가 서식한다.

▸▸ 얕은 수심에 번성한 산호_ 모양은 각기 다르지만 한 종류가 군락을 이루기도 한다.

▶▶ 밀림과 같은 산호 숲_ 산호는 같은 종이라도 환경에 따라 다양한 모습을 나타내며(*Milepora sp.*, 왼쪽), 연산호(*Dendronephytha sp.*, 오른쪽)의 경우 색을 달리한다.

돌인지 생물인지

산호를 처음 접하면 단단한 돌 같은 생김새 때문에 살아 있다는 생명감을 전혀 느낄 수가 없다. 아마도 표면이 탄산칼슘으로 이루어져 있기 때문일 것이다. 하지만 그 딱딱한 피부에서 하늘거리는 부드러운 촉수를 뻗어 먹이를 사냥하는 모습을 보면 동물적 특징을 엿볼 수 있다. 산호는 표면이 늘어나다가 둘로 나뉘면서 성장하기 때문에 산호가 환경에 따라 성장하는 속도가 달라지면 전체 모습도 바뀌어서, 같은 종의 산호라도 다른 종으로 오해할 수 있다. 이처럼 산호는 겉모습만으로는 종류를 쉽게 구분하기가 어렵다.

산호는 마치 레고 블록처럼 많은 개체가 모여서 덩어리를 이루기 때문에 수백, 수천 마리의 산호가 한데 뭉쳐져서 모습을 만든다.

산호의 또 다른 특징은 모습에 따라 자라는 속도가 다르다는 점이다. 나뭇가지 모양을 하거나 쟁반과 같은 모습을 한 산호는 성장이 빨라서 일 년에 5센티미터까지 자라지만, 둥근 항아리나 뇌 모양의 산호는 0.5센티미터 정도 성장한다. 물론 모든 산호가 돌과 같이 단단한 모습을 하게 되는 것은 아니다. 탄산칼슘의 딱딱한 골격이 아닌 말랑말랑한 겉 표면을 가진 연산호, 가느다랗고 부채를 연상시키는 부채뿔산호도 있다.

▸▸ 다양한 모습의 산호_ 부피로 성장하기 때문에 마치 바위 같은 모습을 띠기도 한다(*Porites sp.*, 왼쪽). 가는 가지 모양을 한 부채뿔산호(오른쪽)

▸▸ 뇌산호는 둥근 모습을 지니고 있지만, 속을 보면 고깔 모양이 자라서 점점 커지게 된다.

산소를 만드는 동물

앞서 이야기했듯이 산호는 식물이 아닌 동물이다. 그런데 식물이 아님에도 산소를 만든다. 어떻게 해서 산소를 만들어 낼 수 있을까? 산호의 촉수에는 '갈충조zooxanthellae'라고 부르는 작은 식물플랑크톤이 숨어 지내는데, 이들에 의한 광합성으로 산소를 만들어 낸다. 그래서 마치 산호가 산소를 만드는 것처럼 보이는 것이다.

갈충조는 산호의 몸속에서 보호를 받으며 광합성을 하고, 산소를 배출하고, 산호에게

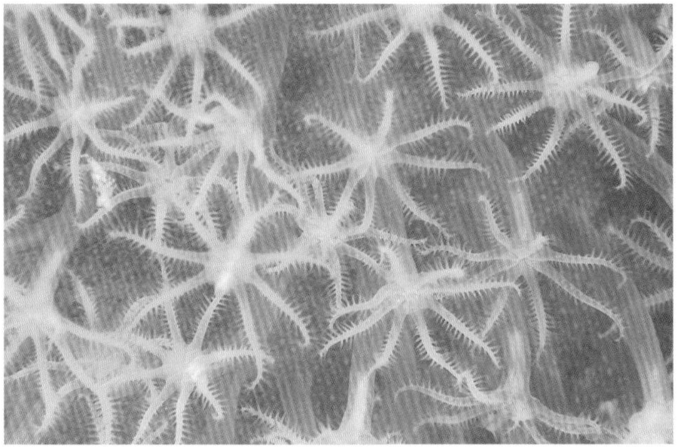

▸▸ 먹이를 잡기 위해 발달한 촉수_ 산호는 주로 야간에 촉수를 이용하여 작은 동물을 잡아먹는다.

먹이를 제공한다. 열대 지역에 서식하는 산호는 직접 먹이를 잡아먹는 것보다 갈충조로부터 먹이를 공급받는 양이 70퍼센트 이상으로 훨씬 더 높기 때문에, 산호가 살아가기 위해서는 갈충조에 의존해야 한다. 이 때문에 산호는 광합성이 잘 이뤄질 수 있도록 수심이 얕고, 깨끗한 바다를 선호하게 되고, 결국 많은 산호들이 자라면서 산호초를 형성하게 된다. 또한 산호가 만드는 다양한 색깔 역시 산호의 몸속에 숨어 있는 갈충조가 지닌 색소에 의해 나타나는 결과이다. 그래서 갈충조가 산호의 몸속에서 모두 빠져나오면 산호는 하얀색으로 변해 버린다.

▸▸ 다양한 색을 가진 산호_ 산호의 색은 산호 속에 공생하는 플랑크톤인 갈충조가 가지는 색소에 의해 나타난다. 따라서 같은 산호에서 색이 다른 경우가 있다.

▸▸ 촉수를 내민 산호_ 산호는 마치 말미잘과 같이 촉수를 통해 작은 생물을 잡아먹기도 하는데, 촉수 끝에 마취시킬 수 있는 자세포를 가지고 있어서 먹이를 쏘아서 잡는다.

▸▸ 산호의 독특한 탄생 방법_ 산호는 2개로 갈라지는 이분법(왼쪽), 몸 옆에 나뭇가지와 같이 붙어나는 출아법(오른쪽)으로 번식한다.

산호는 알을 낳아서 물의 흐름을 이용하여 멀리 이동하여 살 수도 있지만, 산호 폴립이 둘로 갈라지거나(이분법), 몸 옆에서 마치 혹처럼 새로 어린 산호가 만들어져서(출아법) 성장하기도 한다. 하지만 몸속에 갈충조가 얼마나 잘 적응하는가에 따라 산호가 건강하고 안정적으로 살아갈 수 있는 정도가 결정된다.

지구를 숨 쉬게 하는 산호

산호 속에서 살아가는 갈충조에 의한 광합성은 물속에 녹아 있는 이산화탄소를 산소로 바꾸어 준다. 산호 속에서 살아가는 갈충조들이 산호초에서 진행하는 광합성 능력은 열대 우림과 비슷할 정도로 뛰어나다. 이들이 대량으로 이산화탄소를 소비함으로써 지구 온난화 속도를 늦춰 주는 역할도 하는 것이다. 지구상에서 60만 제곱킬로미터의 넓이에 퍼져 있는 산호초는 사람들이 인위적으로 방출하는 이산화탄소의 약 10퍼센트 정도를 산소로 바꾸어 준다.

▸▸ 숲을 이룬 산호초_ 산호초는 많은 물고기의 서식 공간이 된다.

▶▶ 양배추산호 군락_ 30미터 이상 깊은 곳에서 군락을 형성한다.

풍요로운 지구를 만드는 산호

산호초는 그 자체가 커다란 생물 덩어리다. 생물에 의해 만들어지는 유기물의 양을 생물 생산량이라고 부르는데, 지구상에서 생물 생산량이 가장 높은 지역은 농산물을 생산하는 농경지이다. 자연에서는 열대 우림 지역이 가장 높은데 제곱미터당 약 5000그램 정도의 탄소를 생산한다. 그러면 산호초 지역의 생산성은 어떨까? 연간 제곱미터당 5000그램, 즉 열대 우림과 유사한 생산성을 나타낸다. 다만 바닷속에서 진행되기 때문에 지금까지 인간의 관심을 끌지 못했다.

산호초 지역은 그 자체가 높은 생산성을 갖기도 하지만 바다에서 가장 생물다양성이 높은 공간일 뿐 아니라, 우리가 바다에서 어획하는 물고기의 20퍼센트 이상이 살아가는 곳이라는 점에서 생명이 살아가는 서식처로서 매우 중요한 곳이다.

▸▸ 풍성한 바다 산호초_ 다양하고 수많은 해양 생물이 살고 있는 공간으로 태평양에서 살아가는 대형 물고기도 먹이를 구하기 위해 산호초 주변을 찾는다(사진 : 잭피시 무리).

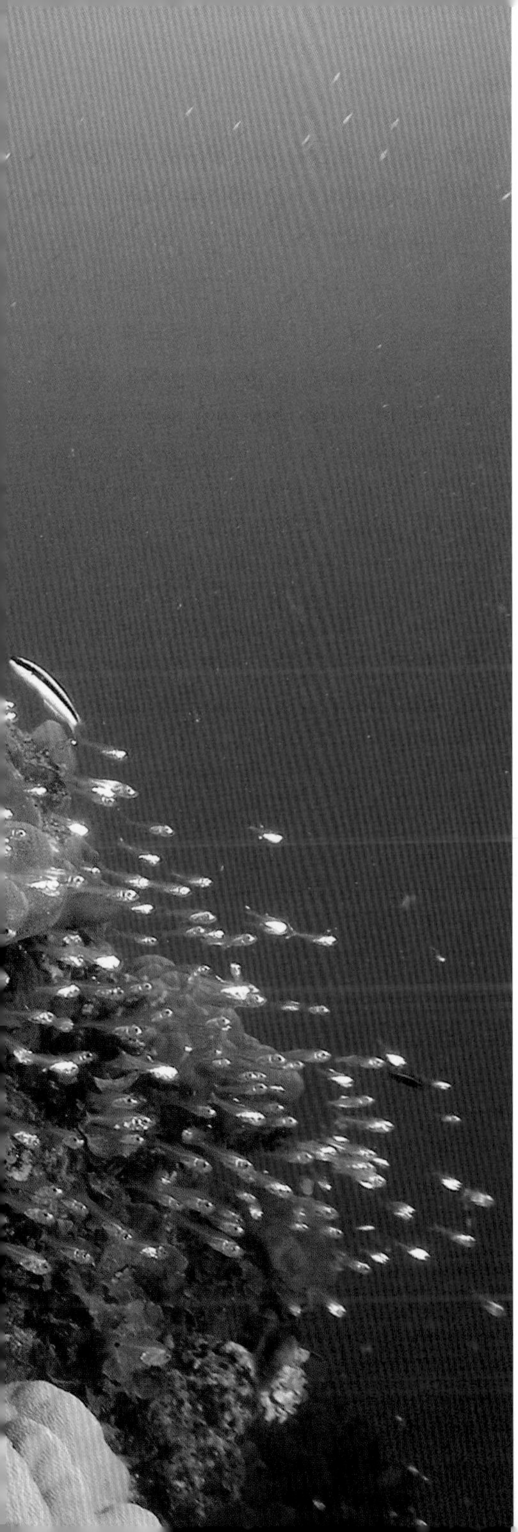

해양 동물에게 중요한 서식 공간

산호초는 태평양, 대서양, 인도양 등 대부분 대양에 위치한다. 따뜻한 바다를 선호하는 해양 생물 대부분이 산호초에서 살고 있다. 심지어 대양에서 살아가는 대다수의 해양 생물은 생존 기간 중 일부 또는 전 생애를 산호초 주변에서 보낸다. 산호초는 열대 해양 생물에게 중요한 서식 공간 역할을 하고 있어서, 대양 생태계의 중심이라고 할 수 있다.

거대한 산호 덩어리는 바닥에 붙어사는 생물에게 살 수 있는 공간을 만들어 주고, 복잡하게 엉킨 산호 구조는 작은 물고기가 포식자로부터 몸을 숨길 수 있도록 은신처를 제공한다. 산호초에 사는 동물들은 산호의 모양을 흉내 내거나 빛깔도 산호와 비슷하게 위장하여 포식자로부터 자신을 숨긴다. 참치와 같은 대형 어류나 거북이, 심지어 고래까지도 산호초 지역 주변에서 번식한다. 인간의 해양 생태계 평가 가치는 수산업을 중심으로 하기 때문에 산호초 지역은 어장이 있는 연안에 비해서는 그 가치가 높지 않지만, 관광, 생물다양성 등 보다 넓은 범위에서 계산한다면 높은 경제적 가치를 지닌다.

▸▸ 산호초에 의지하여 살아가는 물고기들_ 산호초 주변에 대규모로 떼를 이룬 어린 물고기들에 의해 산호초는 풍요로운 공간을 이룬다.

생태경제학자인 코스탄자R. Costanza는 산호초를 '바다의 열대 우림'이라고 부르며, 연간 3750억 달러의 경제적, 생태학적 가치를 제공한다고 주장했다. 4000여 종의 어류와 3만 종 이상의 무척추동물과 해조류가 산호초에 의지하여 살아가고 있다. 이처럼 산호초는 바다에서 가장 높은 생물다양성을 가진 공간이다.

▸▸ 산호초 사이에 사는 글래스피시 무리_ 산호초 주변에 떼를 이루며 살아가는 종으로, 대형 물고기의 먹이가 된다.

독특한 산호초 생태계

산호초 생물과 산호는 적절한 균형을 이루며 살아간다. 수많은 바다 생물로 인하여 이들을 노리는 능성어, 바라쿠다 등 커다란 물고기와 심지어 상어도 산호초 주변에서 살아간다. 산호초에 사는 수많은 생물은 산호 또는 산호의 알을 먹이로 삼는다. 생태계에서 가장 중요한 것 중 하나는 먹이 공급이다. 훌륭한 영양분을 함유한 산호 알은 주변에 살아가는 작은 동물들에게 영양가 높은 먹이로 제공되기 때문에 산호초 생태계를 유지하는 근본이 된다.

산호의 촉수는 독침을 가지고 있지만 이곳에 사는 일부 동물들은 오히려 촉수를 즐겨 먹는데, 심지어 산호보다 더 강한

▸▸ 산호초 생태계_ 앵무고기에 의해 먹혀서 하얗게 벗겨진 산호(왼쪽), 산호초 주변에서 흔히 발견되는 가장 무서운 포식자, 상어(오른쪽)

독을 내어 산호를 녹여 먹거나, 강한 이빨로 산호를 부수어 씹어 먹기도 한다. 서로 먹고 먹히는 관계 속에서 살아남기 위해 생물들은 저마다 다양한 방법으로 진화해 왔다. 즉, 살아남기 위해 또는 잡아먹기 위해 몸속에 독을 가지거나 위장을 한다. 이 중 산호초는 바다에서 가장 풍부한 생물 다양성을 유지하면서 독특한 먹이사슬 구조를 나타내는 해양 생태계이다.

▸▸ 산호와 비슷한 모습으로 위장한 스톤피시

독특한 산호초 생태계 _ 낮과 밤

산호초 주변에서는 낮과 밤에 전혀 다른 세상이 펼쳐진다. 낮에는 밝고 화려한 색채의 세상에서 다양한 모습을 가진 물고기와 포식자들이 활동하고, 밤에는 마치 흑백 영화처럼 무채색의 세상에서 어린 물고기나 게, 새우 같은 작은 생물이 산호초에서 먹이를 찾는다. 이들은 낮 동안에 산호 속 어두운 곳이나 바다에 구멍을 만들어 숨어 지내다가, 빛이 없는 시간이면 세상 밖으로 나온다. 낮에 활동하는 생물들의 새끼들은 자신을

▸▸ 몸 색이 바뀐 솔저피시_ 밤에는 낮과 같이 밝거나 화려한 색을 없애고 마치 산호와 같은 색으로 위장하고 산호 사이에서 휴식을 취한다.

보호하기 위해 밤에 활동하는 적절한 생존 전략을 가지고 산호초 생태계에 적응한다. 밤에 물속에서 빛을 비추면 엄청난 양의 동물플랑크톤과 유생이 모이는 것을 볼 수 있는데, 산호초에서 밤은 고요한 휴식 시간이 아닌 또 다른 생명체가 활발히 활동하는 시간이 된다.

산호도 주로 밤에 알을 낳는다. 특히 보름날이면 물속에는 산호가 알을 낳는 장관이 펼쳐지는데, 생존을 위해 자신이 낳은 알을 보다 더 많이, 좀 더 멀리 보내려고 물 흐름이 빠른 보름날, 잡혀 먹힐 확률이 적은 밤중에 알을 낳아 바닷물에 떠나보내는 것이다.

▸▸ 야행성 동물_ 밤에 산호초 모래밭에 파 놓은 구멍 속에서 나와 먹이를 찾는 망둑어

바다가 만들어 낸 거대한 도넛 _ 환초

바다 한가운데에 육지가 아닌 거대한 산호초로 구성된 모습을 보면 간혹 궁금증이 생길 수 있다. 산호는 죽으면 단단한 탄산칼슘만 남아서 마치 석회석과 같은 바위가 된다. 물론 살아 있을 때 나타난 다양한 모습은 파도에 의해 부러지거나 부서지면서 산호 위에 쌓이게 되고, 화학 작용으로 굳어지면서 마치 암석과 같이 단순한 모습으로 바뀐다.

▶▶ 썰물 때의 환초 모습_ 산호가 자라고 부서짐을 반복하며 환초를 만든다.

▸▸ 띠를 이룬 환초_ 환초에는 간혹 모래가 쌓이면서 야자가 뿌리를 내리면 작은 산호섬이 만들어지기도 한다.

▸▸ 환초에 새롭게 붙은 산호들_ 산호가 자라서 죽으면 바위처럼 환초가 되고, 거기에 다시 산호가 자라게 된다.

하지만 여기에 다시 산호가 부착한다. 산호는 이런 방식으로 삶과 죽음을 반복하면서 그 공간을 넓혀 나가는데, 이렇게 만들어진 공간을 '산호초Coral Reef' 라고 부른다.

하늘에서 내려다보는 산호초는 다양한 모양을 나타낸다. 산호는 수심이 낮은 곳에 살기 때문에 우선 섬 주변에 산호초를 만든다. 오랜 시간이 지나면 화산섬은 지질 활동으로 점점 바닷속으로 잠기게 되고, 섬 주변에는 결국 산호초만 남아서 마치 고리 형태를 띠고 발달하게 된다. 이러한 산호초를 '환초Atoll' 라고 부른다.

환초가 만들어지기 위해서는 수만 년 이상의 시간이 필요하다. 따라서 가장 오래 전에 바다가 만들어진 태평양에서만 볼 수 있는 독특한 자연 구조물이다. 동그란 산호초로 이루어진 고리 속에는 오래전 가라앉은 산호섬이 묻혀 있기 때문에 그곳에 아주 깊이 구멍을 뚫어 보면 화산 성분으로 된 암석을 볼 수 있다. 심지어 담수로 된 지하수가 나오기도 한다.

▸▸ 죽은 산호들_ 산호가 죽어서 쌓이면 거대한 산호 암석이 된다.

세상에서 가장 오래된 축 환초

축 환초는 산호로 만들어진 가장 오래된 구조물이다. 면적도 넓어서, 가로세로가 각각 40, 50킬로미터에 이르고, 둘레만도 224킬로미터로, 제주도를 환초 안에 넣을 수 있을 만큼 큰 규모이다. 아마도 처음에는 환초를 꽉 채운 거대한 화산섬이 생겼을 것이고, 주변에 산호가 자라고, 화산섬은 오랜 기간 동안 침강한다. 이에 따라 지금은 예전에 산봉우리였던 지역의 일부만이 섬으로 남아 있는 것이다. 환초 바깥쪽 물속은 바로 1000미터 이상 깊은 절벽 구조이지만,

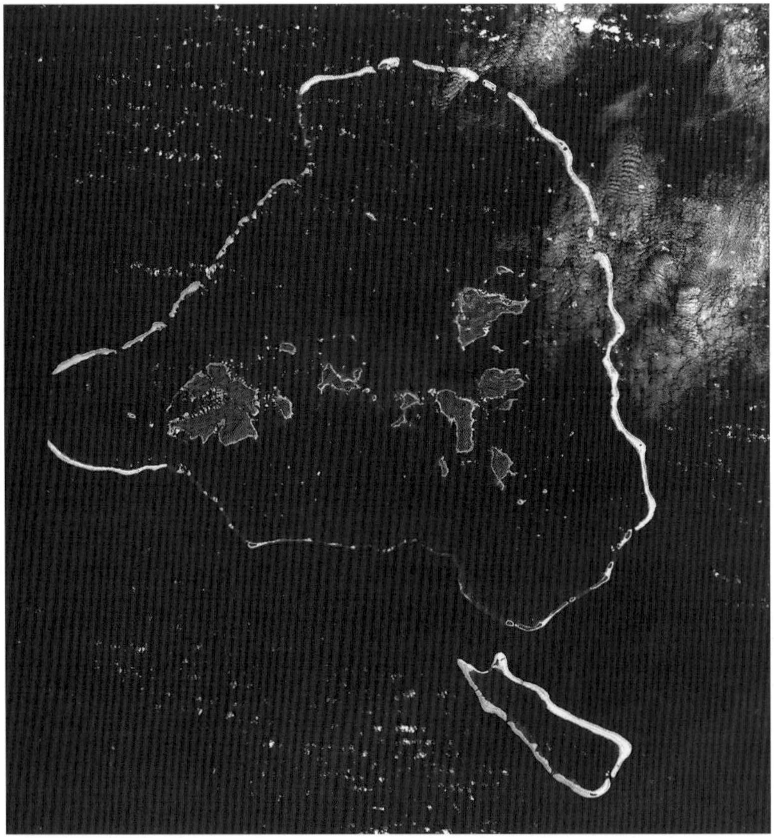

▸▸ 인공위성에서 촬영한 축 환초_ 산호가 만든 가장 오래된 구조물이다.

환초 안쪽은 최대 80미터이고, 평균 30미터의 얕은 수심을 유지한다.

환초 주변은 배가 드나들 수 있는 수로가 여러 개 있으며, 환초는 마치 콘크리트로 된 거대한 구조물 같은 형상을 띤다. 이런 구조물이 태평양으로부터 밀려오는 거대한 파도를 막아 주기 때문에 안쪽은 잔잔한 호수와 같은 바다를 만들게 된다. 환초는 약 200미터의 폭으로 구성되는데, 썰물 때는 사람이 환초 위를 걸어 다닐 수도 있다. 환초 안쪽은 물결이 잔잔하기 때문에 환초 부근에서 자란 산호가 만든 모래가 쌓이고 야자나무 숲으로 이루어진 섬이 만들어지기도 한다.

▸▸ 환초 위에 죽은 산호의 모습_ 환초는 모두 산호에 의해 만들어지기 때문에 마치 거대한 산호 화석 집단과 같다.

▸▸ 유명한 산호초 관광지인 멕시코 코주멜 해안_ 아름다운 산호초는 사람들에게 휴식처를 제공한다.

산호초가 만들어 준 혜택

해양에서 산호초 지역은 해양 서식처 역할만이 아니라 사람에게도 유형 및 무형의 가치를 지닌 공간을 제공한다. 산호초를 가진 국가는 수산물 생산과 더불어 관광 산업으로 인해 고용 증대 등 상당한 경제적 수입을 얻고 있다. 이제 아름다운 산호초 경관은 사람들로 하여금 바다에 대한 매력을 느끼게 하는 대표적 공간이 되었다. 카리브 해의 조그만 섬나라인 보네르Bonaire는 산호초를 구경하기 위해 찾아오는 미국과 유럽 관광객들로 연간 2300만 달러를 벌어들이고 있으며, 미국 플로리다 주 역시 연인원 850만 명에 달하는 사람들이 스쿠버다이빙과 요트 등 해양 관광을 목적으로 약 16억 달러(1997)를 소비했다.

이 밖에 전 세계적으로 약 10만 킬로미터에 달하는 산호초는 열대 지방 해안선의 15퍼센트를 보호하는 방파제 역할을 한다. 대양에서 밀려오는 강한 파도로부터 해안선을 보호하는 역할을 하는 것이다. 지난 2004년, 인도네시아에서 발생한 쓰나미도 산호초가 있는 지역은 상대적으로 피해가 적은 것으로 나타났다. 만약 산호초의 역할을 대신하기 위해 해안선에 방파제를 건설한다면, 킬로미터당 약 1000만 달러의 공사비를 지출해야 한다.

▸▸ 스쿠버다이빙 전용 선박_ 매혹적인 산호초 군락은 수중으로 사람들을 유혹한다.

지금,
산호초가 위험하다

앞서 살펴본 것처럼 산호초가 많은 가치를 지녔음에도, 안타깝게도 점차 사라져 가고 있다. 아니, 산호가 죽어 가고 있다. 지구 환경 변화와 오염, 연안 개발 등이 환경에 민감한 산호에게 심각한 영향을 주고 있기 때문이다. 《네이처Nature》(2002)에 의하면, 20세기에 전 세계 27퍼센트의 산호초가 사라졌고, 태국에서는 2005년부터 지금까지 산호초의 약 80퍼센트가 사라졌다고 한다. 정확한 원인을 파악하기도 전에 산호초의 위기가 발생한 것이다. 가장 중요한 원인은 '백화 현상Coral Bleaching', 즉 산호 속에서 살아가는 갈충조가 빠져나가는 현상이다. 무엇인가가 이들이 편안하게 산호 속에서 살아갈 수 있는 조건을 빼앗은 것이다. 또한 과도한 어획이 산호를 파괴하고 있다. 원주민들이 주로 산호초에서 어업을 진행하면서 많은 지역에서 산호가 부서지고 있다.

▸▸ 백화 현상으로 죽어 가는 테이블산호_ 백화는 산호에게 먹이를 공급하는 갈충조가 빠져나가는 현상으로 산호는 하얗게 죽어 간다.

▸▸ 산호 백화_ 백화 현상은 산호의 종류를 가리지 않고 나타난다. 그 원인은 아직까지 밝혀지지 않았다.

세계자연보호연맹IUCN과 환경 단체인 그린피스는 21세기가 끝나는 시점에 열대 지역에 살아가는 산호 중 50퍼센트 이상이 사라질 것이라고 경고하고 있다. 특히 이산화탄소 농도 증가는 산호초가 살아가는 것을 더욱 어렵게 하고 있다. 바닷물에서 증가하는 이산화탄소 농도는 바다를 산성화시키는데, 이때 산호를 이루는 탄산칼슘이 녹게 된다. 산호가 이산화탄소를 흡수하여 산소를 만들지만, 그 양이 점차로 증가하면서 오히려 산호의 성장을 위협하고 있는 것이다.

▶▶ 산호초 주변에 버려진 쓰레기들

산호초 생태계
_ 맹그로브

열대 또는 아열대 지역 갯벌이나 하구에는 아주 독특한 모양을 가진 나무가 자란다. 우리가 익히 알고 있는 나무 모양과는 전혀 다른 모습으로 바닷물 속에 뿌리를 내리고, 줄기와 뿌리에서 다시 버팀뿌리가 자라서 마치 문어 다리와 같은 모양을 가졌다. 바로 '맹그로브 Mangrove'라는 나무다.

맹그로브는 성장이 느리고, 크기가 작지만 버팀뿌리가 발달하여 나무 몇 그루만으로도 정글과 같은 모습을 만들어 낸다. 바다 위에서 꽃이 피고, 젓가락처럼 생긴 긴 열매가 맺히며, 열매가 떨어져서 갯벌에 박히게 되면 펄에 뿌리를 내릴 수 있기 때문에 수심이 낮은 곳에서만 서식한다. 물론 우리나라에서는 볼 수 없는 나무로, 전 세계적으로 12종이 있다.

▸▸ 맹그로브 열매_ 맹그로브는 성장이 매우 더디지만 일 년에 여러 번 꽃이 피고 열매를 맺는다.

▸▸ 맹그로브_ 나무 한 그루에 무수한 뿌리가 노출되어 있는데, 실제로 뿌리는 하나이고 나머지는 버팀뿌리이다.

맹그로브가 만드는 독특한 열대 환경

맹그로브의 뿌리는 독특한 모양을 하고 있어 해안가를 마치 밀림처럼 복잡한 모습으로 만든다. 이러한 모습은 열대 지역에 자주 내리는 소나기에 의해 육지로부터 흘러드는 흙탕물을 걸러 내고, 주변에 펄이 쌓이게 하여 갯벌을 만들기도 한다. 여기에 낙엽과 다양한 유기물이 쌓이면서 펄 속에서 썩고, 이렇게 분해된 물질은 맹그로브 주변에 사는 동물에게 먹이가 된다. 일부는 바다로 흘러가서 플랑크톤이 살아가기 위한 중요한 양분으로 공급되고, 산호 성장에도 영향을 미친다. 이 결과 맹그로브 숲은 열대 해역 산호초 생태계에 있어 또 다른 역할을 한다.

▸▸ 길게 늘어진 버팀뿌리_ 맹그로브에서 버팀뿌리와 가지가 나뉘는 원인은 아직 밝혀지지 않고 있으며, 심지어 새로운 가지에서도 버팀뿌리가 생긴다.

맹그로브는 해안가를 중심으로 서식하기 때문에 사람들이 육지에서 바다로 접근하려면 맹그로브 숲을 지나야 한다. 간혹 해안가를 따라 추진하는 관광 사업에서 맹그로브 숲은 상당한 방해가 된다. 최근 20년 동안 해안가 개발을 위해 약 20퍼센트의 맹그로브 숲이 사라졌다. 맹그로브 숲이 사라지면 흙탕물이 산호초로 흘러 들어가서 물이 탁해지고, 먹이 공급이 줄어들기 때문에 주변 산호초 생태계에 영향을 미치게 된다. 결국 맹그로브는 열대 지역 해안에서 가장 중요한 생물이며 또 다른 서식처이다.

▸▸ 고요한 맹그로브 숲_ 마치 물 위에 뿌리가 떠 있는 것처럼 보이지만, 맹그로브의 버팀뿌리는 자라면서 펄 속으로 박히게 된다.

또 다른 열대 해양 생태계

맹그로브 숲은 미생물에 의한 분해가 진행되는 공간도 되지만 또 다른 열대 해양 생태계를 구성한다. 탁한 흙탕물은 어린 생물이 숨어서 살아가기에 좋은 장소를 제공한다. 특히 썩은 것을 좋아하거나 펄 속에 구멍을 파고 사는 해양생물이 살 수 있는 서식처를 만들어 준다. 산호초에 비해 물은 비록 탁하지만 영양분이 많기 때문에 뿌리 주변에 식물플랑크톤이 부착하여 광합성을 하기에 적합하다. 나무뿌리 주변이나 펄 속에서 작은 먹이를 구하는 저서동물과 맹그로브게, 망둥어가 살면서 산호초와 다른 모습을 가진 먹이사슬이 구성된다.

▸▸ 맹그로브 주변의 생물_ 맹그로브는 산호초와 다른 생태계를 구성한다.

맹그로브가 만드는 혜택

맹그로브 숲에는 산호초에서 발견되는 생물의 새끼들과 열대 갯벌 생물이 살고, 나무에는 거미 등 곤충과 일부 열대 새들이 둥지를 틀면서 해양과 육상이 어우러진 생태계를 구성한다. 원주민들은 맹그로브의 잎과 나무껍질을 약으로 사용하기도 하는데, 맛이 떫은 나무껍질에서는 수용성 탄닌(감에 포함된 떫은맛을 내는 물질, 방부제 성분) 성분이 있으며, 잎에는 항산화 물질이 들어 있어서 다이어트와 관련된 천연 약제 연구가 진행되고 있다. 하지만 최근에 연료비 인상과 기후 변화로 원주민들이 맹그로브를 잘라서 땔감으로 사용하고 있다. 또한 비닐과 같이 분해가 되지 않는 쓰레기가 숲으로 밀려들어 오면서 맹그로브 숲이 가졌던 기능을 빠르게 상실해 가고 있다.

▸▸ 땔감으로 쓰이는 맹그로브_ 연료비가 오르면서 열대 지역 원주민에 의해 맹그로브가 땔감으로 팔리고 있다.

산호초 생태계와 조화를 이룬 잘피 숲

'잘피Seagrass'는 바닷속에 살면서 꽃이 피는 식물이다. 마치 벼와 같은 모습으로, 뿌리가 펄이나 모래 속에서 서로 연결되어 있다. 주로 물속에 영양분이 많은 강 하구나 빗물이 쉽게 흘러드는 해안가의 수심 5미터 이내 지역에 서식한다. 하지만 환경 변화에 민감하여 작은 오염에도 쉽게 죽어 버린다. 잎과 줄기 모양이 다양하고, 크기가 1미터 이상 자라는 종도 있어서, 잘피 숲을 보면 마치 물속에 펼쳐진 초원이 연상된다.

▸▸ 마치 바닷속에 벼를 심어 놓은 듯한 잘피 숲_ 잘피는 물속에서 꽃이 피는 현화식물이다.

잘피는 수면까지 잎이 길게 자라면서 복잡한 구조를 만들기 때문에, 대형 생물이 쉽게 접근하거나 이동하지 못한다. 따라서 잘피 숲에는 어린 물고기들이 많이 관찰되고, 잎에 붙어살거나 기어 다니는 생물이 살아간다. 잘피 숲에서 일생을 사는 종보다 산호초나 심지어 대양에서 사는 생물들 중 일부 생물의 새끼들이 관찰된다.

잘피는 전 세계적으로 12종이 있으며, 우리나라에도 8종이 서식한다. 축 환초에는 3종이 살고 있으며, 맹그로브 숲을 지나서 산호모래로 구성된, 수심이 얕은 평평한 지역에서 주로 관찰된다.

이 밖에도 잘피는 맹그로브와 유사한 역할을 한다. 맹그로브 숲에서 걸러지지 않고 육상으로부터 유입되는 흙탕물은 여기서 완전히 걸러지게 되어 산호가 살 수 있는 환경을 만든다.

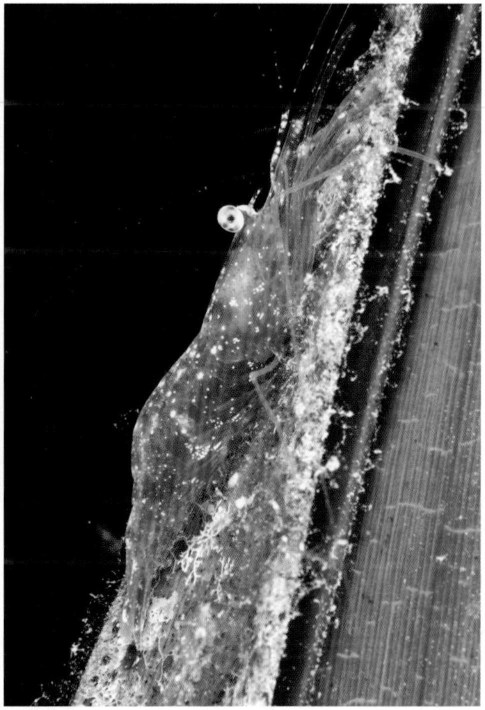

▸▸ 잘피 생태계_ 산호초와 다른 생물이 살기도 하지만 산호초에 사는 생물의 어린 개체들도 많이 관찰된다(왼쪽 : 민달팽이, 오른쪽 : 꽃새우류).

산호초 생물
_ 대왕조개

산호초는 매우 다양한 생물이 살아가는 공간이다. 저마다 종족을 유지하기 위해서는 독특한 생존 방법을 필요로 한다. 산호초에서만 볼 수 있는 독특한 생물 중에 무게가 200킬로그램가량 나가는 조개가 있다. 우리나라에는 서식하지 않기 때문에 아직 한국 이름이 없지만, 영어 이름을 그대로 해석하여 '대왕조개Giant Clam'라고 부른다.

▸▸ 2명이 겨우 들 수 있는 대왕조개_ 성장한 대왕조개의 껍데기는 무게가 200킬로그램 이상 나가는 것도 있으며, 성인이 혼자 들기 힘들 정도로 무겁다.

처음 본 사람들은 이렇게 큰 조개가 무엇을 먹고살지에 대해 궁금해한다. 커다란 입으로 지나가는 물고기를 잡아먹는다고 얘기하는 사람도 있지만, 이들은 산호와 같이 갈충조를 몸속에 살게 하여 먹이를 얻어 내는 방식으로 살아간다. 밖으로 드러난 조갯살이 다양한 색을 내는 것도 갈충조 때문이다.

대왕조개는 크기와 모양 때문에 원주민들에게 중요한 식량이 되어 최근에는 그 수가 급격히 감소했지만, 양식 방법이 개발되어 호주, 팔라우 등에서 양식이 이루어지고 있다. 축주에 사는 대왕조개는 모두 6종이며, 약 3년 이상 성장하면 알을 생산한다. 일 년 내내 산란이 가능하지만 주로 6월에 양질의 알을 생산하는 것으로 밝혀졌다.

▸▸ 다양한 색을 가진 대왕조개_ 색은 다르지만 모두 같은 종류로, 미크로네시아에는 6종의 대왕조개가 산다.

산호초 생물 _ 나비고기

바다에서 가장 다양한 물고기를 관찰할 수 있는 곳이 바로 산호초 지역이다. 산호초 지역에는 약 4000여 종의 물고기가 살고 있는데, 미크로네시아에서는 약 1700여 종이 관찰되었다. 이 중에 약 1500여 종이 산호초에 사는 종으로, 주로 인도-태평양 지역에 살고 있으며, 색이 화려하고 독특한 모습을 가지고 있다.

나비고기와 엔젤피시는 산호초에서만 볼 수 있는 물고기들이다. 약 80여 종이 있는데, 독특한 모양과 색 때문에 수족관이나 관상 생물로 가장 인기 있는 어류이다. 좁고 긴 주둥이로 산호에서 부드러운 폴립을 먹는데, 마치 새처럼 쪼아 먹는다. 형형색색의 아름다운 피부색은 낮과 밤에 각각 다르게 나타나는데, 밤에는 화려하고 아름다운 색이 사라지고, 특히 스트레스를 받았을 때는 하얀색으로 변한다. 밝고 다양한 색채는 빛을 통해 발광하는 미생물이 피부 속에서 작용하기 때문이다.

▸▸ 화려한 색깔의 나비고기_ 산호를 쪼아 먹을 수 있도록 주둥이가 뾰족하다.

산호초를 유지하는 힘 _ 갈충조

산호초 주변에 맑고 깨끗한 바다가 만들어지는 주요 원인 중 하나는 식물플랑크톤인 갈충조가 산호 속에서 공생하기 때문이다. 바다에 식물플랑크톤이 많이 살면 색이 탁하고 녹색이나 갈색을 띠게 된다.
갈충조는 열대 지역에서 항상 충분한 빛을 얻을 수 있는 환경 때문에 성장에 필요한 에너지를 충분히 공급받을 수 있지만 식물플랑크톤 중에서도 크기가 매우 작다. 왜냐하면 산호 속으로 들어가고 나오는 데 유리하게 진화되었기 때문이다.

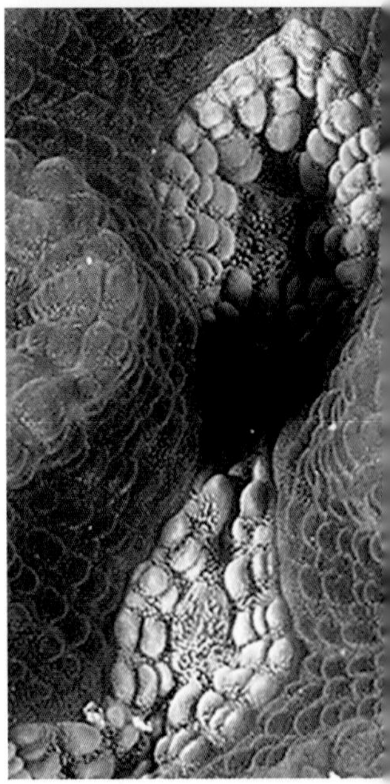

▸▸ 갈충조에 의해 나타나는 다양한 색_ 산호와 대왕조개는 갈충조 때문에 다양한 색을 지닌다.

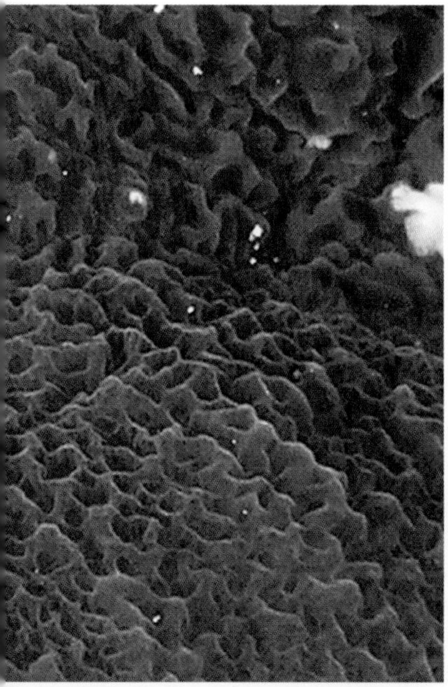

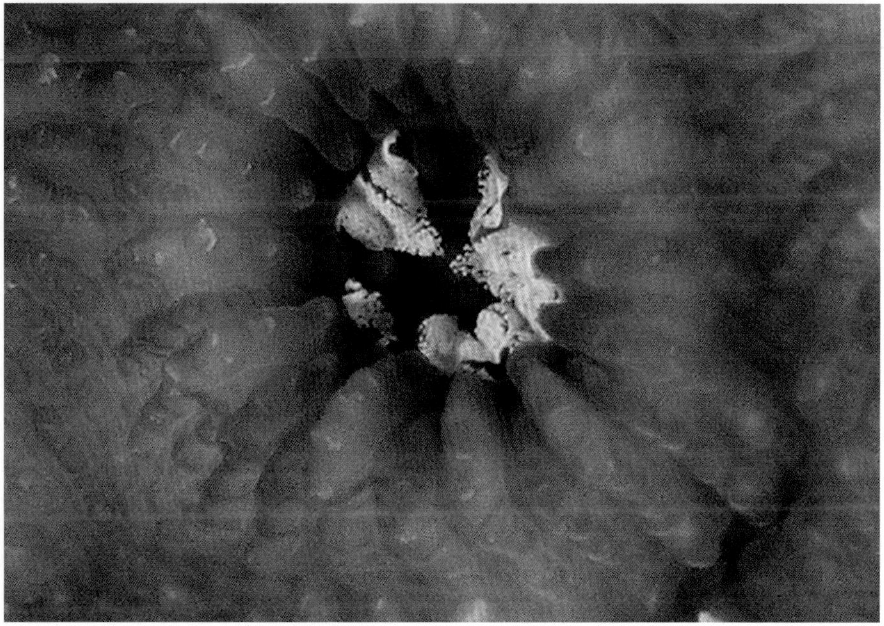

갈충조는 산호를 옮겨 다니며, 살아가기에 적당한 서식 환경을 선택한다. 산호가 건강하지 못하여 갈충조를 보호하는 능력이 떨어지거나, 다른 곳에 영양분이 더 많으면, 갈충조는 바로 산호 밖으로 나온다. 갈충조가 성장하기 위해서는 빛도 중요하지만 충분한 영양과 아주 적은 양이지만 인, 칼륨과 같은 다양한 무기 원소가 있어야 하기 때문이다. 산호초에서 이러한 영양 공급은 결국 주변에서 제공되어야 하는데, 맹그로브나 잘피 지역

에서 영양분이 안정적으로 공급되어야 갈충조가 산호 속에서 살아갈 수 있게 된다.

최근에는 산호에서 갈충조가 이탈하는 백화 현상이 대규모로 발생하고 있다. 그러나 아직까지 갈충조가 산호에서 살아가는 방식에 대해 뚜렷이 밝혀지지 않아 백화 현상의 원인에 대한 연구가 진행되고 있다.

▶▶ 화려한 색상의 산호_ 산호의 색은 갈충조에 의해 좌우된다.

03
산호초 환경

산호초는 산호가 빨리 성장할 수 있는 열대 바다에서 만들어진다. 산호초가 없는 우리나라에서 산호초를 이해하기 위해서는 우선 열대 해양 환경에 대한 이해가 필요하다. 때문에 우리는 열대 바다에 대한 지식을 얻기 위해 많은 노력을 기울이고 있다.

높은 수온을 유지하는 따뜻한 바다

▸▸ 먹이가 풍부한 산호초에서 최고 포식자는 상어이다.

산호초가 있는 적도 부근은 우리가 생각하는 것보다 높은 바닷물 온도를 유지한다. 우리나라의 경우, 가장 더운 8월에 최대 24도까지 바닷물 온도가 올라가지만, 산호초 지역은 일 년 내내 29도 전후를 나타낸다. 일 년 동안 수온 변화도 약 2도 미만으로, 연중 바다의 온도가 따뜻하게 유지된다. 계절에 따라 해양 생물이 이동해야 하는 우리나라의 바다와 달리, 일정한 온도가 계속 유지되는 산호초 지역은 항상 같은 장소에서 같은 생물을 볼 수 있다.

따뜻한 수온은 체온과 비슷하여 포유동물인 고래의 경우 산호초 부근까지 와서 새끼를 낳고 키우다가 다시 먹이가 풍부한 북쪽으로 올라간다.

바닷물의 온도가 높은 것은 강하게 내리쬐는 태양에 의한 것으로, 동시에 왕성한 증발이 이뤄지기 때문에 구름이 쉽게 만들어져 소나기가 자주 내린다.

바닷물 증발과 함께 소나기가 반복되면서, 염분도(바다에 녹아 있는 소금의 양) 역시 일 년 동안 32.3~ 34.1퍼밀(물 1리터에 녹아 있는 소금의 질량)로 거의 일정하다. 우리나라가 서해에서 24퍼밀, 동해에서 31퍼밀을 나타내는 것과 비교하면 높은 염분도임을 알 수 있다.

▸▸ 돌고래의 낙원, 산호초_ 따뜻한 수온으로 열대 바다는 해양 포유동물의 낙원이다.

호수와 같은 환초 구조

산호초는 어떤 곳에서 만들어질까? 우선 바다의 수심이 얕아야 하고, 산호가 부착할 수 있도록 바위와 같은 기질이 있어야 한다. 모래섬에서는 산호가 잘 부착할 수 없기 때문에 산호초가 쉽게 형성되지 않는다. 이러한 이유에서 화산섬과 산호초는 밀접한 관계가 있다. 대양에서 화산 활동으로 섬이 생기면, 산호가 살 수 있는 공간이 형성되기 때문이다.

오랜 기간 동안 산호가 자라면서 산호초가 만들어지고, 지질 활동에 의해 섬은 서서히 침강하게 되는데, 화산섬이 침강하는 속도에 비해 산호초가 만들어지는 속도가 빠르기

▸▸ 호수 같은 환초 바다_ 환초가 태평양 파도를 막아 주면서 안쪽은 잔잔한 바다가 이어진다.

때문에 산호초는 그 모습을 유지하게 된다. 여기에 산호가 죽어서 쌓이면 환초가 만들어지고, 환초는 대양으로부터 오는 파도를 막아 준다. 따라서 환초 안쪽은 호수와 같이 고요하고, 잔잔한 바다를 유지하게 된다. 잔잔한 바다에는 산호모래가 쌓이게 되고, 잘피가 자라면서 산호모래의 퇴적은 더욱 빨라진다. 이러한 과정을 통해 환초 내부는 수심이 점점 얕아지는 잔잔한 산호모래 해변이 형성된다.

▸▸ 환초 안과 밖_ 멀리 환초의 바깥쪽은 파도가 부서지지만 안쪽은 잔잔하다.

해조류가 만드는 하얀 모래

열대 산호초 해변에서 떠오르는 대표적 모습은 눈이 부실 정도로 하얀 모래가 펼쳐진 백사장과 야자나무일 것이다. 원래 모래는 육상으로부터 부서진 암석 조각이 운반되어 만들어진다. 그런데 태평양의 산호섬 모래도 과연 섬에서부터 운반된 돌조각으로 만들어진 것일까? 물론 비가 많이 오기 때문에 섬에서 침식 작용으로 모래가 만들어질 수는 있지만 그 양은 측정할 수 없을 정도로 매우 미미하다.

태평양의 하얀 모래는 대부분 산호와 산호초 주변에 살아가는 생물들의 껍질과 뼈에 의해 만들어진다. 우선 산호가 죽으면 미생물에 의해 분해되고, 몸을 구성하던 탄산염은 시간이 지남에 따라 모래와 같이 가루로 변한다. 산호초 주변에 살아가는 다양한 생물들도 이러한 과정을 통해 모래로 바뀌게 된다. 하지만 축 환초에서는 또 다른 원인에 의해 모래가 만들어지기도 하는데, 바로 탄산염으로 구성된 해조류인 할리메다Halimeda가 산호모래를 만들어 낸다.

▶▶ 끝없이 펼쳐진 모래 평원_ 환초 주변은 산호와 산호초 생물에 의해 만들어진 모래밭이 이어진다.

▸▸ 바닷속 산호초 지대와 모래 지역에는 해조류인 할리메다가 대량 서식한다.

▸▸ 산호초에 모래를 만드는 해조류_ 할리메다는 해조류이지만 잎이 탄산칼슘으로 되어 있어서 죽으면 하얀 모래가 된다.

할리메다는 산호초 주변에 살고 있는 해조류인데, 우리가 알고 있는 미역이나 다시마같이 섬유질이 아닌 탄산염으로 구성되어 있어 잎이 딱딱하다. 이것이 죽으면 하얗게 색이 변하는데, 파도 등에 의해 잘게 부서지거나 미생물에 의해 분해하면서 점차 고운 모래로 바뀐다. 축 환초는 가장 깊은 수심 80미터까지도 충분히 빛이 공급될 정도로 물이 맑아서 어느 지역에나 할리메다가 서식한다. 축 환초는 할리메다에 의해 만들어진 모래가 전체 모래 중에 60~70퍼센트 이상을 차지하며, 나머지는 산호류, 조개류 그리고 역시 탄산염으로 구성된 다른 종류의 해조류에 의해 만들어진다.

산호에도 나이테가 있다

산호는 다양하게 성장한다. 막대기 모양으로 길게 성장하기도 하고, 표면이 늘어나면서 부피로 성장하기도 한다. 산호를 자르면 마치 나무와 같이 성장한 상태를 나타내는 나이테가 있다. 일 년에 약 1센티미터 전후로 자라는 산호들은 나이테를 통해서 연령을 확인할 수 있는데, 각 나이테에서 시료를 채취하여 정밀 측정기로 분석하면 나이테가 만들어지는 시기에 대한 환경 정보(수온, 염분)를 알아낼 수 있다.

둘레가 약 1미터 정도 되는 산호를 절단하면 나이테마다 수십 년 동안 주변에서 발생한 환경 변화 또는 기타 해양 정보를 얻을 수 있다. 산호가 자라면서 중금속이나 환경 자료를 탄산염 속에 간직하고 있기 때문이다. 축 환초 주변에서 이러한 환경 정보를 얻기 위해 산호를 대상으로 시료를 추출하고, 산소·단소 동위원소 분석을 시도하여 약 60년 전부터 현재까지의 바다 온도 변화 등을 추적했다.

▸▸ 산호의 나이 측정_ 산호는 성장하면 마치 나무와 같이 몸체가 굵어지면서 나이테가 생긴다.

▸▸ 산호 천공_ 산호를 통해 과거, 주변의 환경 정보를 얻기도 한다.

4

산호초와 과학

바다에서 가장 아름다운 공간으로만 알려져 있던 산호초는 이제 수산업, 관상 생물 산업뿐 아니라 다양한 산업 용품 소재로서, 그 가치가 연간 20조 원대를 육박하는 거대한 산업 기반의 공간이 되었다. 이로 인해 지금 산호초에서는 자원 확보 전쟁이 벌어지고 있다.

산호초 속 다양한 자원과 잠재성을 알기 위해서는 산호초가 만들어지는 기초 자료가 필요하며, 이를 위해서는 선택과 집중을 통한 산업 소재 정보를 확보하는 노력이 우선되어야 한다.

산호초 속에 잠재된 무한 가치 _ 천연물

▸▸ 수심 80미터에서 해면을 채취하는 연구팀

우리 조상들은 오래전부터 생물이 생산하는 물질 속에서 염료, 향료, 의약품 등을 찾아내어 다양하게 이용해 왔다. 대표적 예로 기원전 약 1500년경에 쓰였다는 이집트의 파피루스Papyrus Ebers에는 자연에서 치료약을 찾아내어 처방한 기록이 있으며, 우리나라에도 자연에서 얻어 낸 의약 지식을 집대성한 동의보감이 있다. 이렇게 자연으로부터 유용한 물질을 얻어 이용하는 기술은 현대 과학의 발전과 더불어 진보하였다.

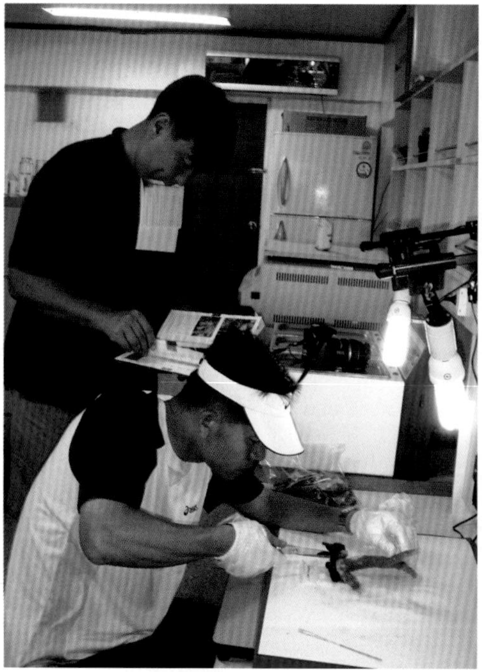

▸▸ 시료 분석_ 채집된 해면은 실험실에서 천연물 분석을 위해 분류된다(왼쪽). 해면은 천연물 연구에서 주요 대상이 되는 동물이다(오른쪽).

▸▸ 산호초에도 다양한 종류의 해면이 서식한다(위·가운데).
화학 성분 분석을 위해 채집한 해양 동물(아래)

자연이 생산한 유용한 화합물이 생물체 내에서 만들어지는 과정과 주요한 성분의 화학 구조, 약효 등을 현대적 방법으로 연구하는 학문을 천연물 화학이라 한다. 이러한 천연물 화학은 유기화학 및 생화학의 기초 위에 약학, 식품화학, 미생물학 등의 지식을 응용하는 생명과학의 한 분야로서 전통 지식을 토대로 발전하고 있다.

▸▸ 산호초 해면 채취_ 지역마다 다양한 해면이 서식하기 때문에 지속적인 채집이 진행된다.

남에게는 독이 나에게는 약으로

천연물 연구는 오랜 기간 동안 '약초'로 불리는 육상 식물을 대상으로 진행되어 왔다. 우리가 바다 생물에 관심을 가진 것은 불과 100년도 채 되지 않았다. 해양 생물은 생존을 위해서 저마다 다양한 기능을 가지고 있는데, 예를 들어 해삼은 몸이 부드러운 살덩어리지만 물고기로부터 공격을 받지 않는다. 물고기가 아주 싫어하는 '사포닌'이라는 화학적 물질을 만들어 방어 수단으로 삼기 때문이다.

▸▸ 작은 살덩어리와 같은 모습의 해삼_ 해삼은 사포닌이라는 화학적 물질을 분비하여 자신을 보호한다.

해조류 중에 미역, 다시마와 같은 갈조류 역시 초식 동물에게 먹히지 않기 위해 쓴맛이 나는 '폴리페놀' 성분을 통해 스스로를 방어한다. 그런데 이러한 물질들은 인간에게 항균, 항산화 등과 관련된 유용한 물질로 쓰인다. 복어 독이라 불리는 '테트로도톡신Tetrodotoxin'이라는 성분은 청산가리보다 수백 배 강한 맹독성 물질이다. 이 물질은 가열해도 쉽게 분해되지 않는 특성을 가지고 있는데, 이러한 바다 생물의 독이 오히려 인간에게 필요한 물질로 전환되기도 한다.

열대 산호 지역에 사는 청자고둥이 가지는 독성 물질은 '프리알트Prialt'라는 새로운 진통제의 개발로 이어졌다. 대표적 진통제인 모르핀보다 수백 배 더 강한 진통 효과가 있는 것으로 알려져 있으며, 2004년 미국 식품의약청의 승인을 받아 판매되고 있다.

▸▸ 모래 속으로 숨어드는 청자고둥_ 진통제로 사용할 수 있는 강한 독을 지니고 있다.

복잡한 생존 전략이 낳은 다양한 천연물

산호초에 사는 수많은 종류의 해양 생물은 서로 경쟁하고 생존하기 위해서 저마다 다양한 전략을 사용한다. 생존을 위한 경쟁 속에서 해양 생물은 다양한 화학물질을 보유하기도 하는데, 생물다양성이 높을수록 생물 상호 간 경쟁이 치열해지고, 이들이 생산하는 화학물질의 역할과 종류도 다양해진다. 따라서 해양 천연물을 확보하기 위해서는 해양 생

▸▸ 채취한 생물에서 1차적으로 추출물을 정제한다.

물의 다양성이 특히 높은 산호초에서 연구를 진행하는 것이 효과적이다. 이때 사람들에게 필요한 항암, 항균 등에 효과를 나타내는 가능성을 먼저 탐색한다.
채집한 해양 생물의 추출물로부터 유용한 생리활성물질을 분리하기 위해서는 인내가 필요하다. 유용한 천연물을 찾아내기 위해 물리·화학적 성질을 검토하고, 각기 다른 원리를 바탕으로 구성된 정제 방법 등을 효과적으로 적용해야 성공적인 결과를 얻을 수 있다. 2002년부터 태평양해양연구센터에서 획득한 열대 해양 생물에서 지금까지 100여 종의 생리활성물질을 분리하였다.

▸▸ 열대에서 채집한 생물은 현지에서 건조 또는 분쇄 과정을 거쳐 자원화된다.

산호초 청소부 _ 미생물

미생물은 생태계에서 없어서는 안 될 중요한 분해자이면서, 각 생물의 몸속에 '균'으로 함께 살면서 중요한 기능을 한다. 생명과학이 발달하면서 미생물의 발견과 역할은 더욱 중요해졌다. 크기가 너무

▶▶ 죽어 가는 산호 주변에서는 미생물에 의한 분해가 진행된다(갈색 부분).

작아서 지금까지는 한정된 연구만 진행되었지만, 이제 크기와 상관없이 다른 해양 생물처럼 종 다양성 연구도 가능해졌고, 생물 자원으로 활용하는 연구도 활발히 진행되고 있다. 이미 의학이나 농업 등에서는 미생물이 생산하는 천연물질로부터 다양한 항생제, 항균제, 생물 농약, 유용한 효소 등 여러 분야에서 산업적 소재가 개발되고 있다.

이처럼 다양한 미생물을 확보하는 것은 해양 생물 자원의 산업적 이용 가치를 높이는 데 매우 중요한 사항으로, 특히 열대 해역과 같은 극한 환경에서 채취한 미생물은 중요한 자원이 될 수 있다. 그런데 미생물은 병원균으로, 산호초에 심각한 영향을 미치기도 하고, 산호에게 질병을 유발하여 성장하기 어려운 여건을 만들기도 한다. 우수한 활용성으로 인해 최근 들어 해양 생물학 분야에서 미생물학적 접근이 매우 유망한 연구 분야로 떠오르고 있다.

흔한 것 속에 보석이 있다

산호초가 만들어 내는 생태계에서는 아주 흔하게 볼 수 있는 생물에서도 사람들에게 귀한 물질이나 소재를 제공해 준다. 앞서 소개했듯이 열대 바닷가에는 흔한 나무이지만 해양 생태계를 유지하는 중요한 역할을 하는 맹그로브가 좋은 예이다.

원주민들은 이미 오래 전부터 맹그로브 잎과 껍질을 벗겨 낸 줄기를 주로 설사, 소화불량, 코피, 눈병, 염증, 인후염 및 상처 치료 등에 사용하고 있다. 이처럼 전통적 지식을 활용하는 것은 과학적 성과를 얻어 내기 위해서도 중요하다. 한 예로, 최근 연구에서 잎사귀 액즙은 외과 수술 후 회복에 효과가 있으며, 나무껍질은 식중독 균 및 충치 균에 대한 다양한 기능성 물질을 가지고 있는 것으로 밝혀졌다.

산호에서 추출한 산호 칼슘은 건강 보조 식품으로 판매되기도 한다. 이처럼 산호초를 구성한 다양한 생물들이 우리에게는 중요한 자원이 될 수 있다.

▸▸ 산호초의 모든 구성원이 이제 우리에게는 자원이다.

바다가 만들어 내는 보물 _ 진주

세상에는 다양한 종류의 보석이 있다. 보석으로는 아주 단단하고 빛깔과 광택이 아름다운 희귀한 광물이 주로 사용되는데, 흔히 알고 있는 다이아몬드, 오팔, 비취, 에메랄드, 사파이어, 루비 등이 여기에 포함된다. 전 세계 3000여 종의 광물 중에 약 50여 종이 보석으로 쓰이는데, 광물로 이루어져 있지 않음에도 보석에 포함되어 있는 것이 있다. 엄밀히 말하면 보석이라는 용어에 맞지는 않지만 그 가치와 친근함 때문에 보석으로 여겨지는 것으로, 주로 동식물에 의해 만들어진 것이다. 여기에 진주가 포함된다.

진주는 손톱으로 세게 눌러도 쉽게 흠집이 나는 보석이지

만 그 은은한 아름다움이 인간의 정서와 어우러져서 이미 수천 년 전부터 많은 사람들에게 꾸준히 사랑받고 있다. 진주는 6월 탄생석으로도 불리며 건강, 장수, 행복의 의미를 나타내기도 한다. 많은 사람들이 진주조개에서만 진주가 나오는 것으로 알고 있지만, 실제로는 다양한 조개에서 진주가 생산된다. 열대 지역에서는 남양진주와 흑진주가 생산된다.

▸▸ 진주는 조개에 의해 만들어지는 보석이다.

열대 바다가 만들어 내는 보물 _ 흑진주

진주는 조개가 몸속에 들어온 불순물로부터 몸을 보호하는 과정에서 만들어진다. 그런데 진주가 보석의 가치를 가지게 되면서 기술 개발을 통한 산업으로 발전하게 되었다. 100여 년 전에 일본에서 처음 개발된 진주 생산 방식은 이제 색, 모양, 크기를 다양하게 조절할 수 있게 되었다. 특히 흑진주는 열대 바다에서만 사는, 조개껍질이 검은색인 흑진주조개에서 생산되는데, 흑녹색 바탕에 무지갯빛이 도는 독특한 색깔 때문에 그 가치가 매우 높다.

1970년대에 타히티를 중심으로 시작된 흑진주 생산 산업은 이제 태평양 도서국에서 고부가가치 산업이 되었으며, 2000년에는 연간 약 2톤에 해당하는 흑진주가 생산되어, 오히려 과잉 생산을 초래했다.

▸▸ 진주 핵을 넣고 양식 중인 조개_ 핵을 삽입하고 약 2년 정도 바다에서 성육해야 진주가 만들어진다.

한국에서도 흑진주를 만들다

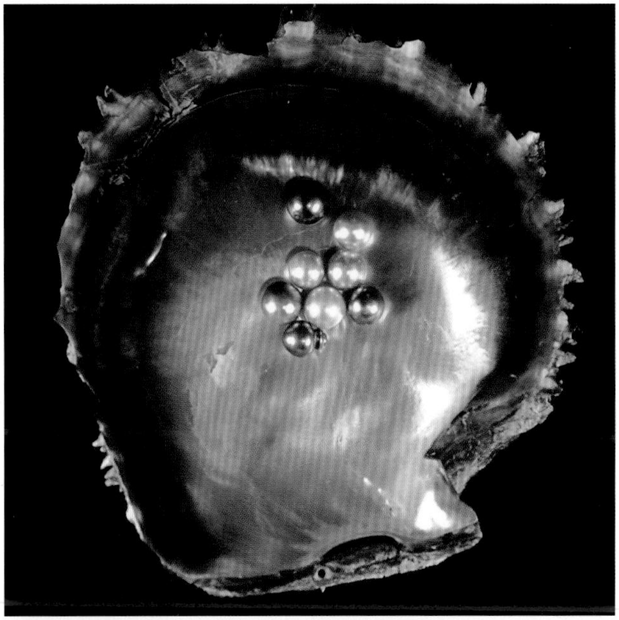

처음 태평양해양연구센터가 설립되었을 때, 축 주 원주민들이 요청한 가장 희망적인 기술 개발이 바로 흑진주 생산이었다. 태평양 도서국에서 적은 육지 공간과 광활한 바다, 부족한 인프라에서 생각할 수 있는 고부가가치 생산품으로는 흑진주가 유일했기 때문이다.
진주 생산에서 가장 중요한 것은 시간과의 싸움이라 할 수 있다. 아무리 좋은 기술력을 갖추고 있어도 반드시 2년이라는 기다림의 시간을 거쳐야 한다. 그다음은 우리가 잘 파악하지 못한 열대 환경에서 그들을 키워 내는 것이었다. 이렇듯 지루한 과정을 이겨 내고, 2008년에 국내 최초로 113개의 흑진주를 수확했다. 이 중에는 미크로네시아 연방의 다른 섬에서 수확한 것에 비해 독특한 색을 보유하여 흑진주 생산에 대한 새로운 전망을 갖게 하는 성과를 얻었다.

▸▸국내 최초로 생산된 흑진주

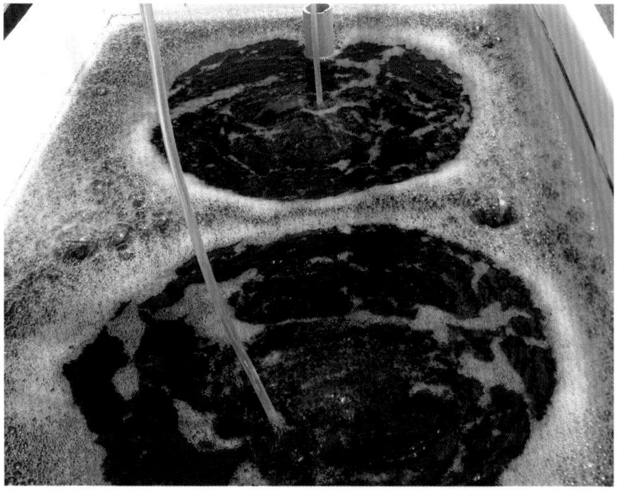

▸▸스피룰리나 생산_ 열대 해역은 대량 배양을 위한 적절한 환경을 갖추고 있다.

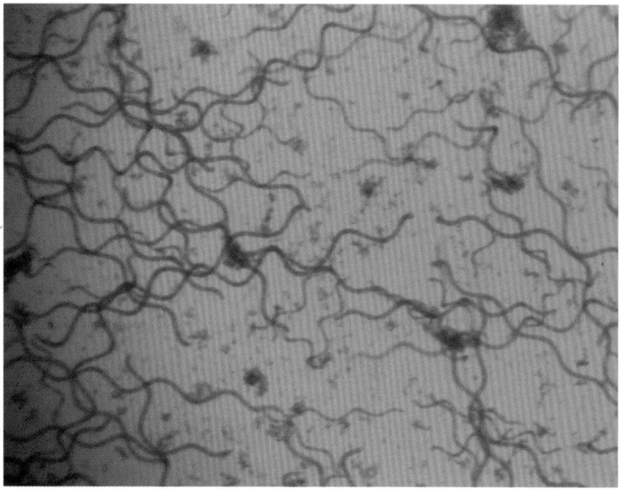

▸▸스피룰리나 확대 사진_ 길이가 최대 1센티미터에 이른다.

환경을 이용한 소재 생산

사람들은 이미 오래 전부터 바다에서 생물을 재배하고 수확했다. 산호초는 일 년 내내 이어지는 충분한 햇빛, 잔잔한 파도를 통해 바다에서 무언가를 생산하기에는 천혜의 조건을 갖추고 있다. 하지만 원하는 생물만 집중적으로 키워 낸다는 것이 어쩌면 자연이 만들어 내는 균형을 무시하는 일일 수도 있다. 아름다운 산호초를 유지하면서 조화롭게 살아가는 방법을 고민하는 가운데 탄생한 것이 자연 조건을 충분히 이용한 미세조류 생산이다. 이 중에 스피룰리나Spirulina는 식물성, 동물성, 해조류, 박테리아의 4가지 생명체의 성격을 가진 원시적인 생명체인 남조류이다. 생김새가 용수철 모양으로 '꼬였다Spiral'라는 라틴어의 어원에서 이름이 지어졌는데, 인체의 생명 유지에 필요한 5대 영양과 49가지 영양소가 함유되어 있을 뿐 아니라, 인체와 거의 같은 구성비로 이루어져 소화 흡수율이 95퍼센트나 된다. UN식량농업기구에서도 스피룰리나를 인류의 미래 식품으로 인정했다.

자연 친화적 생산 기술 축적

스피룰리나는 우리나라에서 그동안 대량 생산을 진행하지 못하고, 원재료를 수입하여 가공하거나 또는 완제품을 수입하는 실정이었다. 태평양해양연구센터에서는 실험실 규모에서 시도하는 배양보다 처음부터 대량 생산을 고려한 배양 방식을 택했다. 안정된 바닷물 온도와 충분한 햇빛이 새로운 시도를 만족시켰고, 심지어 우리나라보다 4배 이상 빠르게 생산할 수 있는 기술을 확보할 수 있었다.

현재 생산된 스피룰리나는 바이오 디젤 원료, 건강식품 및 사료로 구분하여 생산하고 있으며, 연간 1톤가량의 생산 가능성을 확보하였다.

▸▸ 스피룰리나 생산_ 대량 생산을 위한 수조 개발(왼쪽), 매주 수확을 준비한다(오른쪽).

바다를 거실 안으로

수족관은 이제 외국에서나 볼 수 있는 부러운 문화 시설이 아니다. 이미 우리는 서울 한복판에서도 상어와 산호를 볼 수 있다. 열대 바다에 가지 않고도 우리가 생활하는 공간에 바다를 옮겨 놓는 기술을 바탕으로 한 관상 산업은 미래의 고부가가치 산업 중 하나가 되었다. 전 세계의 관상 생물(서식지가 아닌 장소에서 경관을 위해 사육되는 생물로서, 주로 민물이나 바닷물에서 키우는 수생 생물을 말한다) 산업은 1985년 이래 매년 14퍼센트 이상 고속 성장하고 있고, 현재 세계적인 시장 규모는 약 3조 원에 이른다. 관상 생물의 대부분이 산호초 지역에 사는 생물들로, 현재 산호 140여 종, 무척추동물 500여 종, 어류 1400여 종 등이 관상 생물로 거래되고 있다.

▸▸ 아쿠아리움 속 관상 생물_ 수족관은 대형 탱크를 만들어서 실내에 인공 해양 생태계를 조성하여 바다 체험을 가능하게 해 준다.

관상 생물의 주요 수출국은 인도네시아와 필리핀으로, 모두 바다에서 채집하여 수출하는데, 무리한 사업 진행으로 산호를 부수거나 마취제를 살포하면서 포획하기 때문에 심각한 환경 문제를 일으키고 있다. 양식을 통한 관상 생물 생산 기술은 수요 증가와 더불어 앞으로 고부가가치를 지닌 해양 산업으로 꼽히고 있어 미래 산업으로 준비할 필요가 있다.

쏠베감펭

▸▸ 다양한 관상 생물_ 모양이나 행동이 독특하고, 환경에 민감하지 않은 생물을 대상으로 한다.

흰동가리

씬뱅이

05
화려한 바다, 미크로네시아

육지보다 산호초가 더 넓은 바다. 면적이 미국 본토 규모에 이르지만 육지가 0.3퍼센트에 불과한 국가. 세상의 모든 파란색을 바다에 부어 그려 놓은 듯한 아름다운 공간, 미크로네시아.

마이크로네시아 또는 미크로네시아

최초로 미크로네시아를 발견한 서양인은 마젤란F. Magellan으로 전해지지만 마젤란은 괌을 포함한 일부 섬에만 상륙했고, 지도에 산호섬으로 위치만 표시했을 뿐 이름도 짓지 않았다. 미크로네시아라는 이름은 1831년 프랑스 지리학자인 도미니 리엔지에 의해 지어졌다. 그리스어로 '조그만 섬들'이라는 의미이며, 실제로 2000여 개의 섬들이 모여 있는 지역이라 이러한 이름이 붙여진 것이다.

▸▸외지인에게 늘 웃음을 보이는 미크로네시아 처녀들

미크로네시아는 서쪽으로 팔라우공화국에서 동쪽으로 마셜공화국에 이르는 광범위한 지역을 나타낸다. 하지만 지금 미크로네시아 연방국(FSM, Federated States of Micronesia)의 영토는 지리적으로 해석한 미크로네시아와 조금 차이가 있다. 처음에는 하나의 국가로 묶어 미국으로부터 미크로네시아로 독립했으나 마셜 제도와 팔라우가 다시 독립하여 미크로네시아 연방국은 얍Yap, 축Chuuk, 폰페이Pohnpei, 코스레Kosrae 등 4개의 주로 구성되어 있다. 수도는 폰페이에 있으며, 세계 지도에는 폰페이 또는 예전에 독일에서 불렀던 피리키르Palikir로 표기되어 있다.

미크로네시아 주민들은 기원전 1500년부터 아시아 동부와 인도네시아에서 이주해 온 인도네시아-몽골로이드계와 뉴기니에서 이주해 온 왜소니그로이드계 종족의 혼혈인으로, 말레이폴리네시아족에 속하는 얍 어, 폰페이 어, 코스라에 어, 축 어 등을 사용하고 있으나 지금은 영어가 공용어로 널리 쓰인다. 우리나라만 유독 마이크로네시아라고 부르면서 미크로네시아라고 표기하고 있다.

▸▸ 환하게 웃는 미크로네시아 아이들

축, 트럭, 추크 등 다양하게 불리는 사연

축 주는 미크로네시아 연방국에 속한 4개 주 중에 하나이다. 하지만 '축'이라고 부르면 잘 알아듣지 못하는 사람들이 많다. 오랫동안 '트럭', '투룩' 등으로 불렸기 때문이다. 축 원주민에게 지역 언어로는 축이 맞는 표현으로, 산Mountain이라는 뜻이다. 트룩Truk은 게르만 언어에서 유래했는데, 20세기 초에 미크로네시아를 차지한 독일 인들이 축을 '트룩'으로 발음했기 때문으로, 처음 서양에 알려질 때 결국 영어 발음대로 '트럭Truk'이 되었다.

축은 태평양 캐롤라인 제도에 속하는 약 북위 7도, 동경 152도에 위치해 있으며, 192개의 외곽 섬들과 15개의 주요 섬 및 80여 개의 작은 섬 등 모두 290여 개의 크고 작은 섬으로 이루어져 있다. 땅은 아주 비옥하며 빵나무, 야자, 망고 등의 자생 나무와 바나나, 타로를 포함한 식물들이 서식한다.

풍부한 물고기와 해양 생물들 덕분에 축 사람들은 비교적 여유로운 생활을 유지하고 있다. 기온은 평균 27℃이고, 수온은 평균 28~29℃를 유지한다. 11월에서 6월에 북동 무역풍의 영향을 받으며, 7월이면 무역풍이 서서히 약해져서 매우 고요하다. 연평균 강우량은 약 10미터로, 하루에 한두 차례 소나기가 내리는데, 세계적으로도 비가 많이 내리는 지역 중 하나이다.

▸▸ 축 원주민에게 있어 바다는 아주 어려서부터 삶의 터전이다.

점령의 역사

태평양을 처음으로 일주한 사람은 포르투갈 탐험가 마젤란이지만, 16세기 스페인 탐험가 사아베드라가 폰페이에 상륙한 이래 미크로네시아는 19세기 말까지 스페인의 영향권에 있었다. 태평양에서 후발주자였던 독일은 스페인이 미국과 전쟁에서 패하자 승전 국가의 자격으로 돈을 주고 미크로네시아를 샀다. 이렇게 1885년에 독일이 미크로네시아를 차지하면서 선교사와 무역상이 진출했다. 그러나 1차 세계대전으로 독일이 패망하게 되고, 일본이 승전국의 대가로

▸▸ 지금도 2차 세계대전 때의 흔적이 축 환초 곳곳에 남아 있다.

미크로네시아를 차지하였다. 일본은 태평양 진출에 중요한 거점인 미크로네시아를 확보함으로써 차근차근 대양 제국을 꿈꾸게 된다. 그리하여 1941년, 태평양 전쟁을 일으키지만, 결국 1945년에 패전하고 미크로네시아는 또다시 미국의 지배를 받게 되었다. 미국은 1947년부터 1984년까지 미크로네시아를 신탁 통치하다가 독립시켰다.

일본은 2차 세계대전 당시 환초로 둘러싸인 천혜의 자연 요새인 축 환초를 태평양해군사령부로 사용하면서 2차 세계대전이 발발하게 된 진주만 공격을 이곳에서 준비했다. 그러나 환초가 만든 천혜의 요새는 1944년에 최대 고립 지역이 되었고, 약 4만여 명의 일본군이 사망하기에 이른다. 이때 미국에 의한 공격으로 수십 척의 대형 선박이 수심 30미터 이내 바닷속으로 가라앉게 되었는데, 이들 침몰선을 보려는 다이버들 때문에 지금은 세계적인 다이빙 지역이 되었다.

선진국들은 이 작은 섬나라에 무엇을 원했던 것일까. 나라마다 생각이 달랐다. 1700년대는 모험을 좋아하는 사람들이나 태평양에서 무역을 하면서 선박들이 쉬어 가는 곳으로, 1800년대에는 고래잡이와 선교 활동을 하는 거점으로, 1900년대에는 태평양을 차지하려는 강대국의 거점이 되었다. 이렇게 열강들에 의해 휘둘리던 미크로네시아는 1984년에 이르러 독립된 국가가 되었다.

미크로네시아에서 가장 용감한 축키시

축 환초는 태평양의 강한 파도를 막아 주면서 환초 안쪽에는 마치 접시에 담긴 물과 같은 잔잔한 바다를 만들어 놓는다. 대부분의 태평양 섬들은 하나 또는 여러 개의 작은 모래섬이 산호초를 따라 연결되어 있다. 섬은 공간적으로 '고립'을 의미하기 때문에 그곳에 사는 원주민들은 지도자에게 절대 복종을 하는 사회 구조를 이루었고, 마음에 들지 않는 사람들은 섬을 떠나 다른 섬을 찾아다니는 삶이 이어졌다. 미크로네시아에서도 포나페Ponape에 있는 '난마돌'이나 코스레의 '렐루' 등은 작은 도시의 모습을 갖춘 유적이다. 하지만 축 환초에서는 돌을 쌓은 것 같은 흔적은 있지만 성벽이나 도시 유적은 아직 발견되지 않았다.

▸▸ 1920년대 축 원주민의 모습
(사진 출처: 팔라우 에피슨 박물관)

'축키시'라고 부르는 원주민은 미크로네시아에서도 가장 용감하고 사나운 종족으로 알려져 있으며, 추장 중심으로 씨족 사회를 형성하였는데, 역사 기록도 없고, 농사를 지은 흔적도 없이 주로 다른 섬을 공격하는 등 강한 민족성을 보이는 것으로 알려져 있다.

축 환초는 독특하게도 환초 안에 맹그로브 숲과 밀림이 우거진 큰 섬들이 여러 개 존재하여 섬 사이에 전쟁이 빈번히 일어났다. 심지어 500킬로미터나 떨어진 폰페이까지 배를 몰고 가서 여자를 납치하거나 식량을 약탈했다는 기록이 폰페이에서 전해진다.

▸▸ 축 원주민 축제_ 결혼식을 축하하는 전통 춤을 시연하고 있다.

산호초를
과학으로 가꾸는 사람들

20세기 후반부터 국제적으로 영토에 대한 인식 변화가 해양에서 나타났다. 과거에 바다는 영토라는 관점에서 관심 대상이 아니었지만, 바다를 이용할 수 있는 다양한 기술 발전이 선진국을 중심으로 바다를 영토로 인식하도록 만들었다. 이러한 인식 변화는 미래 해양 자원의 확보를 위해 넓은 바다를 가진 대양의 도서국들과 원조 등을 통해 긴밀한 관계를 유지할 필요성을 제기하였다. 우리나라에서 1960년대에 일부 도서국에 원양어업기지를 만들고, 과학 연구 목적으로 남극에 세종기지를 설립한 것은 이러한 필요성에 따른 것이었다. 그러나 현실적인 과학 연구와 잠재적인 자원 공급원 확보를 위해서 적도 부근에 과학기지를 확보할 필요성을 인식하게 되었다.

이에 따라 2000년 5월 30일, 당시 해양수산부와 미크로네시아 연방 정부, 한국해양과학기술원과 축 주 간에 양해 각서를 체결하고, 태평양해양연구센터를 개설하였다. 2000년부터 2005년까지는 비상설 기관으로 운영하면서 연중 오직 20일 전후 기간 동안만 연구 활동을 진행했으나, 2006년부터 연중 지속적으로 연구 인력이 상주할 수 있도록 하였다. 설립 당시에 태평양해양연구센터는 해양 자원 개발을 위한 전진기지, 태평양 도서국과 협력 관계 구축기지, 해양과학 기술 증진을 위한 실험기지, 태평양과학 정보수집 거점으로 운영하는 것을 목표로 하였다.

한국해양과학기술원의 태평양해양연구센터는 남극 세종기지, 북극 다산기지 등과 달리 태평양 도서국이 가지는 독특한 문화와 생활 속에서 센터를 운영하기 위해 연구 활동 이외에도 원주민들과 함께하는 민간 외교 차원의 활동이 부가적으로 필요하였다. 이러한 활동은 소유하고 있던 장비를 빌려 주는 단계로 시작하여 이제는 학교에 과학 정보 지원, 정부 공무원 직무 교육, 지역 쓰레기 소각 및 청소, 심지어 해양 보호를 위한 지역 주민 계몽 활동 등으로 확대되었다.

태평양해양연구센터는 미크로네시아 연방에 위치한 작은 연구 실험실 수준에서 이제는 대부분 태평양 도서국에 알려진 태평양과학 연구기지로 발전하였다. 2010년부터 태평양해양생물시료관을 설립했고, 2011년에는 한국천문연구원, 2012년에는 한국항공우주연구원에서 과학 장비를 설치하여 운영하는 등 해양과학 연구보다 국가과학 연구기지로 규모가 확대되고 있다.

2009년에는 90년 동안 사용할 수 있는 공간을 확보하여, 독립적인 연구 시설을 구축하는 장기 계획이 수립되어 해양과학 연구에서 국가융복합과학 연구 공간으로 발전해 가고 있다.

▸▸태평양해양연구센터 전경

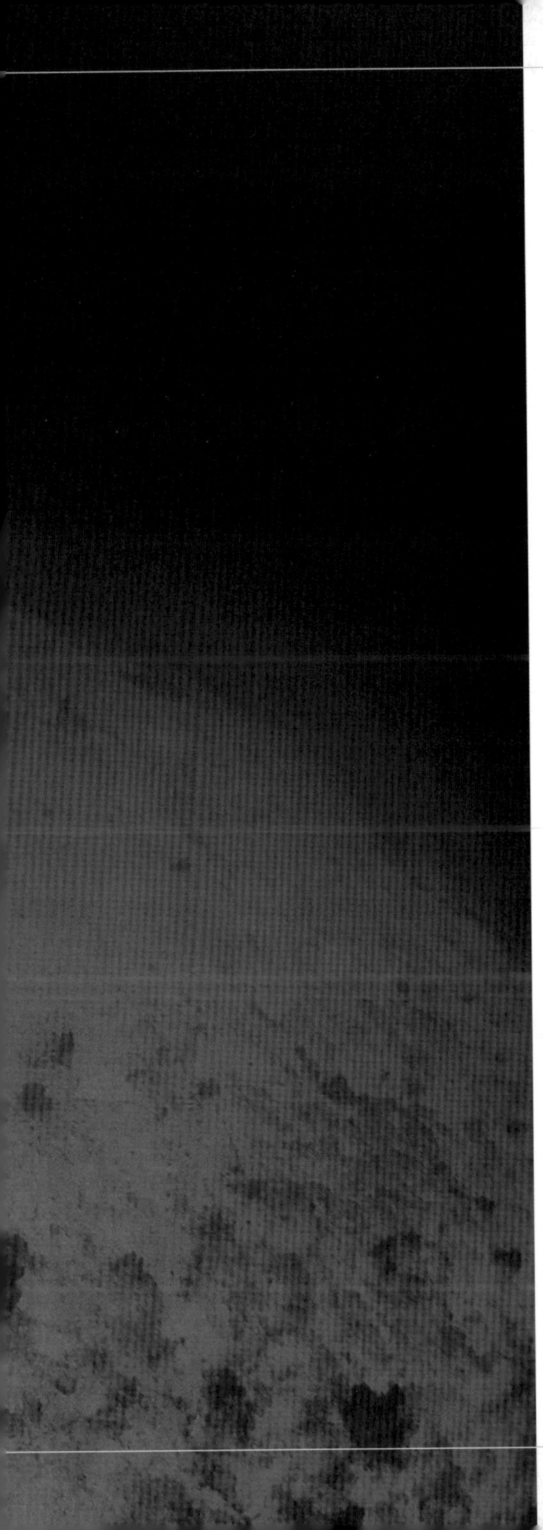

에필로그 | **산호초와 미래**

세상은 변하고 있다. 과학기술의 발달은 오랫동안 우리가 이해해 왔던 바다에 대한 이미지를 바꾸고 있다. 과거의 바다는 지구에 생명을 처음 만들어 냈고, 풍성한 단백질을 제공하던 공간이었다. 더불어 역동성과 아름다움, 광활한 풍경을 제공하는 대상이었다. 하지만 이제 바다는 미래 자원을 품은 공간으로 더욱 활발히 연구되고 있다. 특히 산호초가 그 중심에 있다.

다양한 생물이 산다는 것은 그만큼 다양한 가능성을 보여 주는 것이다. 이미 생명공학기술은 우리를 육지 공간에서 열대 바다, 특히 고부가가치 소재를 구할 수 있는 곳으로 지목되고 있는 산호초로 시야를 넓히게 하였다.

산호초는 이제 우리에게 미래의 희망을 담은 공간이 되었다. 지금까지 자연은 인간의 활동에 대해 관대하였지만, 미래를 위해서는 보다 넓은 안목과 행동으로 영향과 결과에 대해 충분한 고려가 우선되어야 한다. 지금 많은 산호초가 사라지고 있다. 우리는 이제 세상에서 많은 생명체가 공유하는 공간을 위한 과학을 계획하여야 하며, 이러한 마음으로 자연을 생각할 때 자연은 우리에게 더욱 많은 혜택을 제공할 것이다.

올리버색스, 2007. 색맹의 섬. 이마고, 400pp.

주강현, 2008. 적도의 침묵. 김영사, 669pp.

한국해양연구원, 2009. 남태평양 열대해양생물소재 실용화 기술개발 연구, 501pp.

한국해양과학기술원, 2012, 열대 태평양 기지 운영 및 기본연구 활동 지원, 268pp.

Clough B.F., 1993. The Economic and Environmental Values of Mangrove Forests and Their Present Status of Conservation in the South-East Asia/Pacific Region. Int. Soc. of Mangrove Ecosystem, 202pp.

Colin F., 1996. Restoration of Mangrove Ecosystems. Int. Soc. of mangrove ecosystem, 250pp.

Crocombe R., 1992. Pacific Neighbours, Center for Pacific Studies. Univ. of Canterbury, 264pp.

Flood, B., B. Strong and W. Flood, 1999. Pacific Island Legends. Bess Press, 266pp.

Flood, B., B. Strong and W. Flood, 2002. Micronesian Legends. Bess Press, 201pp.

Hezel, F.X., 2010. Over Seas and Time, A Micronesian History Textbook. FSM Department of Education, 506pp.

Lobban C.S. and M. Schefter, 2004. Tropical Pacific Island Environments. Uinv. of Guam Press, 399pp.

Morrison, J., P. Geraghty and L. Crowl, 1994. Science of Pacific Island Peoples V.1 - Ocean and Coastal Studies. Pacific Science, 149pp.

Morrison, J., P. Geraghty and L. Crowl, 1994. Science of Pacific Island Peoples V.3 - Fauna, Flora, Food and Medicine. Pacific Science, 237pp.

Spalding M., F. Blasco and C. Field, 1997. World Mangrove Atlas. Int. Soc. of Mangrove Ecosystem, 178pp.

Rapaport M., 1999. The Pacific Islands, Environment and Society. Bess Press, 442pp.

Ridgell R., 2006. Pacific nations and Territories, The islands of Micronesia, Melanesia and Polynesia. Bess Press. 272pp.

Stewart, A.C.R., 1982. Pacific profiles, personal experiences of 100 South Pacific Islanders. The Univ. of South Pacific, 259pp.

Wiart, C. 2006. Medicinal Plants of Asia and the PACIFIC. Taylor & Francis, 306pp.

Wilkinson C., 2009. Status of Coral Reefs of the world: 2008. GCRMN, 298pp.